BEI GRIN MACHT SICH IHR WISSEN BEZAHLT

- Wir veröffentlichen Ihre Hausarbeit,
  Bachelor- und Masterarbeit

- Ihr eigenes eBook und Buch -
  weltweit in allen wichtigen Shops

- Verdienen Sie an jedem Verkauf

Jetzt bei www.GRIN.com hochladen
und kostenlos publizieren

Bibliografische Information der Deutschen Nationalbibliothek:

Die Deutsche Bibliothek verzeichnet diese Publikation in der Deutschen National-
bibliografie; detaillierte bibliografische Daten sind im Internet über http://dnb.d-
nb.de/ abrufbar.

Impressum:

Copyright © 2017 GRIN Verlag
Druck und Bindung: Books on Demand GmbH, Norderstedt Germany
ISBN: 9783668629202

Sofie Lee

Bekämpfung des Klimawandels. Climate Engineering. Ist ein modifiziertes Klima mit seinen möglichen Folgen besser als ein von Treibhausgasen aufgeheiztes?

GRIN Verlag

Inhaltsverzeichnis

1 Einleitung

"The concept of global warming was created by and for the Chinese in order to make U.S. manufacturing non-competitive." [1] *- Donald J. Trump (@realDonaldTrump) - 6.11.2012*

Schenkt man den Worten des „mächtigsten" Mannes der Welt Glauben, ist eine Seminararbeit, die sich mit der Bekämpfung des Klimawandels befasst, völlig unnötig.

Im Folgenden soll dennoch der Klimawandel behandelt werden und zwar als das, was er laut führenden Wissenschaftlern ist - das Resultat der zunehmenden Zerstörung der Ozonschicht durch Treibhausgase wie Kohlenstoffdioxid[2] und *„die größte Herausforderung des 21. Jahrhunderts."*[3] *(Angela Merkel, Bundeskanzlerin, 2007)*

Deutschland hat sich zum Ziel gesetzt, bis 2050 seine klimaschädlichen Emissionen gegenüber dem Basisjahr 1990 um 80 - 95 % senken.[4] Trotz dieses ehrgeizigen nationalen Anspruchs bleibt es natürlich fraglich, ob die Emissionen von Treibhausgasen auch international schnell genug gesenkt werden können bzw. ob dies politisch überhaupt forciert werden wird.

Sollten die bevölkerungsreichsten Länder, insbesondere aber die Industrienationen, ihren Ausstoß an CO_2 nicht rechtzeitig senken, drohen das Aussterben zahlreicher Tier- und Pflanzenarten, das Abschmelzen des antarktischen Eisschildes gefolgt von dem Anstieg des Meeresspiegels, verstärkt Wetterextreme wie Tsunamis, Hurrikans oder lange Dürreperioden, eine Zunahme an (Haut-) Erkrankungen sowie Klimaflüchtlinge, Rohstoffknappheit und daraus resultierende Kriege.[5]

Um derartige Horrorszenarien zu vermeiden, arbeiten Experten bereits mit Hochdruck an Alternativlösungen, die unter dem Begriff Geo- oder auch Climate - Engineering zusammen-gefasst werden können.

Welche Chancen, aber auch Risiken mit diesen neuen Technologien verbunden sind, soll im Folgenden detailliert herausgearbeitet werden. Anhand einer Umfrage unter Schülern des XY-Gymnasiums wird im Anschluss daran der Frage nachgegangen, welche Bedeutung diese Thematik unter Jugendlichen besitzt. Den Abschluss der Arbeit bildet ein persönliches Resümee.

---

[1] [24] Trump
[2] Vgl. [7] Flannery, S.24
[3] [20] Rother
[4] Vgl. [3] BMUB, S. 7
[5] Vgl. [8] Gaarder, S. 77

2 Climate Engineering (CE)

Bei Climate Engineering (vgl. Abb.1) handelt es sich um großangelegte technische Eingriffe in unser Klimasystem, die sich grob in zwei Kategorien einteilen lassen, welche im Folgenden unter 2.1 und 2.2 kritisch vorgestellt und bewertet werden sollen.

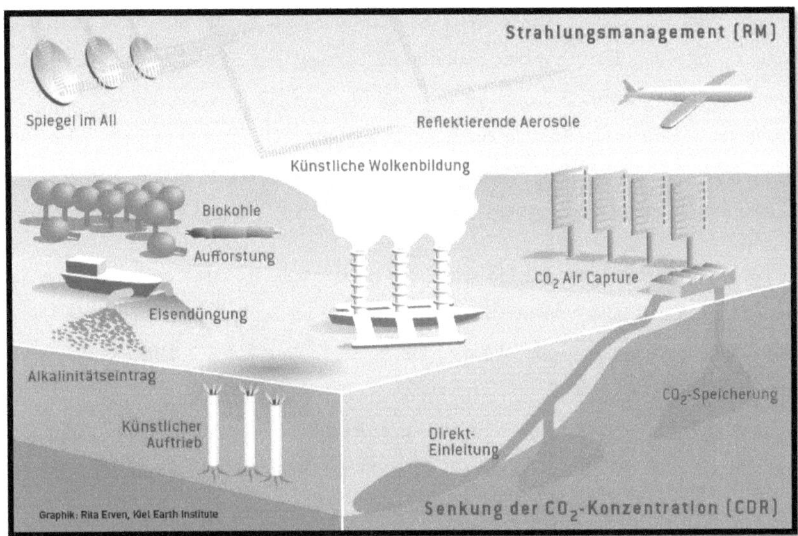

Abb.1: Climate Engineering

Bis heute gibt es Leute, welche einen von Menschen verursachten Klimawandel nicht anerkennen.[6] Tatsächlich war lange Zeit nicht klar, warum vergleichsweise geringe Mengen CO_2 einen so großen Effekt auf das Klima haben sollen. Heute weiß man, dass das Gas nicht allein für die Erwärmung der Erde verantwortlich ist. Tatsächlich wirkt es v.a. auch als Antrieb für das potenteste Treibhausgas überhaupt - Wasserdampf.[7]

Erwärmt sich die Erde infolge eines erhöhten Kohlenstoffdioxidgehalts auch nur gering, kann die Atmosphäre mehr Wasser aufnehmen. Da Wasser eine signifikant höhere spezifische Wärmekapazität (4,19 kJkg^{-1}K^{-1}) [8] im Vergleich zu z.B. Stickstoff (1,04 kJkg^{-1}K^{-1}; Hauptbestandteil der Luft[9]) hat, bleibt mehr Sonnenenergie in der Luft gespeichert und die Temperatur steigt. Daraufhin verdunstet noch mehr Wasser und so weiter.

---

[6] Vgl. [26] Vahrenholt, S. 365
[7] Vgl. [14] Morton, S. 67
[8] Vgl. [12] KM, S. 62
[9] Vg. [12] KM, S. 62

Die Folge ist eine „positive (...) Rückkopplungsschleife"[10], welche ab einem gewissen Punkt nicht mehr aufzuhalten ist.

Um dies zu verhindern, scheint es unumgänglich, an der Ursache des Problems anzusetzen: der Steigerung des CO_2- Gehalts in der Atmosphäre. Hier gibt es nun zwei unterschiedliche Möglichkeiten: Zum einen kann man versuchen, den CO_2-Ausstoß zu verringern[11], zum anderen kann man bereits freigesetztes Kohlenstoffdioxid wieder aus der Luft filtern. Letzteres trägt den Titel „Carbon Capture and Storage" (CCS) und soll in Kapitel 2.1 genauer erklärt werden.

Erscheinen jedoch beide Ansätze zur Reduzierung von CO_2 nicht umsetzbar, kann man auch versuchen, die positive Rückkopplungsschleife aufzuhalten, indem man der von Treibhausgasen verursachten Erwärmung entgegenwirkt.

Da die Erde ein bewegtes geschlossenes System darstellt, ist ihre Temperatur von der zugeführten Arbeit, also von der Sonneneinstrahlung abhängig.[12] Verringert man diese, wird dem System weniger Wärme hinzugefügt und damit dem Klimawandel entgegengewirkt.

Technologien dieser Art, die sich mit der Reduktion der einfallenden Strahlung beschäftigen, werden unter dem Begriff „Solar Radiation Management" (SRM) zusammengefasst. Ihnen ist Kapitel 2.2 gewidmet.

2.1 Negative Emissionen[13]

Die Regierungen von 80% der Weltbevölkerung konzentrieren sich derzeit bei ihren Bemühungen der Klimaerwärmung entgegenzuwirken, auf die Reduktion von CO_2. Dabei haben sie sich auf eine maximale Temperaturerhöhung von 2° Celsius gegenüber der Vorindustrialisierung geeinigt, um den oben erwähnten kritischen Punkt nicht zu überschreiten.[14]

Hieraus ergibt sich ein Kohlenstoffbudget von 1.100 Mrd. t CO_2 im Zeitraum 1990 – 2050, welches die Weltbevölkerung freisetzen darf. Geht man davon aus, dass jeder Mensch gleich viel Treibhausgas in die Luft pusten darf, ergibt sich folgende Formel:

---

[10] [7] Flannery, S. 50
[11] Vgl. [3] BMUB, S. 23ff
[12] Vgl. [1] Baehr, S. 63
[13] Vgl. [7] Flannery, S. 279 – 287; [14] Morton, S. 245 - 267
[14] Vgl. [21] Prof. Dr. Schellnhuber, S. 14

$$C_{nat} = C_{glob} \cdot \frac{M_{nat}(T)}{M_{glob}(T)}$$

mit:

- C_{nat}:   nationales CO_2 - Budget,
- C_{glob}:   globales CO_2 - Budget,
- M_{nat} (T):   geschätzte nationale Bevölkerungszahl zum Zeitpunkt T,
- M_{glob} (T):   geschätzte Weltbevölkerungszahl zum Zeitpunkt T

Damit ergibt sich laut dem wissenschaftlichen Beirat der Bundesregierung ein Gesamtbudget von 17 Mrd. t CO_2 zwischen 1990 und 2050 für Deutschland.[15] Dieses hat Deutschland (genauso wie Russland und die USA) jedoch bereits überzogen (vgl. Abb. 2):

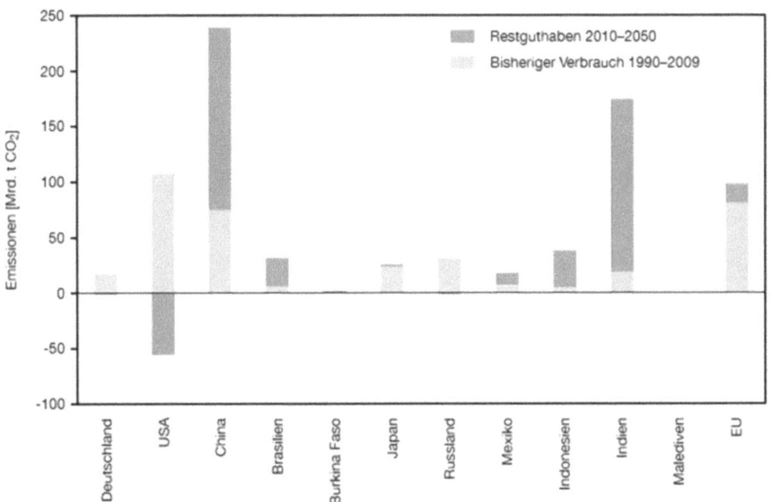

Abb. 2: CO_2-Emissionen und Budgets

Folglich ist Deutschland zur Erreichung seiner Klimaziele gezwungen, „negative Emissionen" zu schaffen, sofern es nicht unausgeschöpftes Budget von Schwellenländern verbrauchen möchte. Wie dies möglich ist, soll in den folgenden Unterpunkten erläutert werden.

---

[15] Vgl. [21] Prof. Dr. Schellnhuber, S. 24ff

2.1.1 CO_2-Senken[16]

Bis jetzt hat die Menschheit durch fossile Brennstoffe circa 250 Mrd. Tonnen CO_2 bzw. 68 Mrd. Tonnen Kohlenstoff ausgestoßen.[17] Das ist eine nicht unbeachtliche Summe, allerdings muss man beachten, dass es auf der Erde ca. 750 Billiarden (Millionen Milliarden) Tonnen Kohlenstoff gibt. Davon befinden sich 99,95 % in der Lithosphäre (Erdkruste und äußerster Teil des Erdmantels)[18]; ca. 750 Gigatonnen bilden den kurzfristigen Kohlenstoffkreislauf zwischen Atmosphäre, Biosphäre und Hydrosphäre.[19]

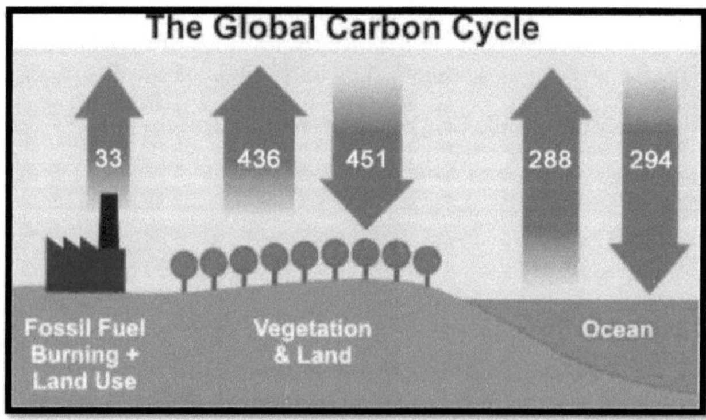

Abb. 3: Der Kohlenstoff – Kreislauf
(in Gt / für CO_2 – Werte: Angaben mit 3,67 multiplizieren)

Bei diesem Kreislauf handelt es sich um Wechselwirkungen zwischen den einzelnen Sphären, die dafür sorgen, dass die CO_2 – Konzentrationen in allen Schichten in etwa im Gleichgewicht bleiben. Dieser ausgleichenden Funktion ist es zu verdanken, dass zurzeit mehr Kohlenstoffdioxids aus der Atmosphäre von den Meeren und der Vegetation an Land aufgenommen als wieder abgegeben wird. Da die Weltmeere und die Biosphäre der Atmosphäre Treibhausgase entziehen, werden sie nach der Klimarahmenkonvention, Art. 1 Abs. 8 auch als sogenannte CO_2 - Senken bezeichnet.[20] Durch die Aufnahme von ca. 50 % des von Menschen freigesetzten Kohlenstoffdioxids sorgen diese Senken schon seit langer Zeit für negative Emissionen und damit für eine Verlangsamung des Klimawandels. [21]

---

[16] Vgl. [7] Flannery, S. 279 – 294; [1] Morton, S. 241 - 251
[17] Vgl. [14] Morton, S. 259
[18] Vgl. [17] Paeger
[19] Vgl. [27] Wayne
[20] Vgl. [25] UNFCC, S.4
[21] Vgl. [14] Morton, S. 249f

Allerdings muss man sich den vorindustriellen Kohlenstoffkreislauf wie eine Badewanne vorstellen, bei der genauso viel Wasser eingelassen wird, wie abfließen kann. Der Mensch drehte den Wasserhahn jedoch durch vermehrte Freisetzung von Kohlenstoffdioxid weiter auf, sodass der „Wasserspiegel" langsam stieg und irgendwann überlaufen wird. Würde man jetzt den Abfluss – etwa durch eine Erhöhung der CO_2 - Aufnahme der Ozeane – erhöhen, würde sich wieder ein Gleichgewicht einstellen. [22]

Dies könnte durch physikochemische, physikalische und/oder biologische Kohlenstoffpumpen erreicht werden:

Die physikochemische Kohlenstoffpumpe beruht auf den Wechselwirkungen der drei, in den Gewässern vorkommenden, Kohlenstoffformen: Kohlensäure (H_2CO_3), Karbonat-Ionen (CO_3^{2-}) und Bikarbonat-Ionen (HCO_3^-). Gelangt CO_2 ins Wasser, entsteht Kohlensäure (H_2CO_3). Diese reagiert mit Karbonat-Ionen zu Biokarbonat-Ionen:

$$CO_2 + H_2O + CO_3^{2-} \longleftrightarrow 2HCO_3^-.$$

Allerdings befindet sich dieses System im Gleichgewicht. Das heißt, die Kohlenstoffströme zwischen den einzelnen Gruppen sind gleich groß. Will man jetzt die CO_2-Aufnahme erhöhen, muss man Bedingungen schaffen, unter denen Kohlenstoff lieber von den Kohlensäure-Formen in Biokarbonat-Ionen übergeht als umgekehrt.

Dies erreicht man durch eine Erhöhung der Alkalinität.[23] Alkalinität beschreibt das Säurebindungsvermögen und hängt von der Anzahl an basisch wirkenden Kationen ab.[24] Demnach kann die Alkalinität der Meere z.B. durch die Zugabe von Calciumoxid erhöht werden. Da Calciumatome jedoch schwerer sind als Kohlenstoffatome, [25] würde man drei Tonnen Calciumoxid benötigen, um eine Tonne CO_2 zu binden.[26] Dieser Ansatz ist also noch nicht ausgereift, ähnlich wie die physikalische Pumpe:

Hier plant man gewisse Meeresströmungen so zu verändern, dass mehr CO_2 in die Tiefsee gelangen und so für längere Zeit dem kurzfristigen Kohlenstoffkreislauf entzogen werden kann.[27] Dies ist allerdings bis jetzt auch nur in der Theorie möglich. Anders die biologische Kohlenstoffpumpe:

---

[22] Vgl. [27] Wayne
[23] Vgl. [14] Morton, S. 250f
[24] Vgl. [13] Dipl.-Geogr. Martin
[25] Vgl. [12] KM, S. 69fff
[26] Vgl. [14] Morton, S. 250
[27] Vgl. [16] Osterhage, S. 16

Eine solche biologische Kohlenstoffpumpe wurde bereits 2012 getestet, als der US-Unternehmer Russ George ohne Genehmigung 100 Tonnen Eisensulfat ins Meer kippte, um das Wachstum des Phytoplanktons zu stimulieren.[28]

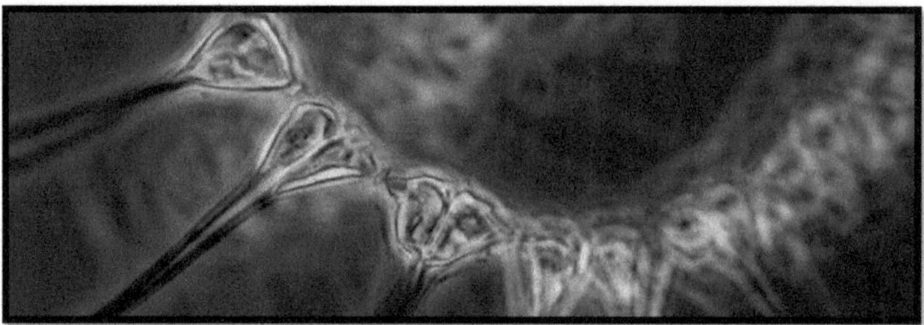

Abb. 4: Phytoplankton

Das Plankton sollte CO_2 in den organischen Kreislauf binden, nach dem Absterben auf den Meeresgrund sinken und für immer verschwinden. [29]

Die Eisendüngung führte zu einer Zunahme an Kohlenstoff um 140000 Tonnen, wovon allerdings nur etwa die Hälfte nach dem Verblühen des Planktons absank.[30] Als Resultat eines 2,5 Millionen US-Dollar teuren, äußerst langwierigen Prozesses ist das ein recht „mageres" Ergebnis.[31] Dennoch ist die biologische Kohlenstoffpumpe im Vergleich zur physikochemischen und physikalischen noch am Vielversprechendsten, da ein positiver Nebeneffekt die Förderung von Fischbeständen ist. Allerdings gibt es großen Widerstand gegen eine derartige „Verschmutzung" der Meere, weshalb Russ George auch den Titel „Geo-Engineering-Schurke" trägt.[32]

---

[28] Vgl. [23] Tollefson
[29] Vgl. [14] Morton, S. 252ff
[30] Vgl. [7] Flannery, S. 280
[31] Vgl. [23] Tollefson
[32] Vgl. [11] Klein, S. 326

2.1.2 Carbon Storage[33]

Die Forschung ist also, was Kohlenstoffpumpen angeht, noch nicht sehr weit. Deshalb soll CO_2 anderweitig aus der Luft gefiltert und gespeichert werden. Die zugehörige Technologie trägt den Namen „Carbon Capture and Storage", kurz CCS. Bevor man sich jedoch mit Carbon Capture, also „negativen Emissionen" beschäftigt (vgl. 2.1.3), muss man sich zunächst einmal die Frage stellen, wo man dieses zurückgewonnene CO_2 lagern möchte – immerhin sprechen wir von Milliarden Tonnen.[34] Ein erster erforschter Ansatz sah vor, das Treibhausgas erst zu verflüssigen, es damit also zu komprimieren[35] und es dann ins Meer zu pumpen. Ein von James Barry vor der Küste Kaliforniens durchgeführter Feldversuch zeigte jedoch eine hohe Sterberate unter den Meereslebewesen[36] als Reaktion auf die erhöhte CO_2-Konzentration und die damit verbundene Erhöhung des pH-Wertes.[37] Deshalb entwickelten Wissenschaftler eine andere Methode: Das CO_2 sollte wieder dorthin zurückgepumpt werden, wo es ursprünglich herkam, aus der Erde. Da die norwegische Emissionsteuer von 40$ pro Tonne CO_2 einen großen Anreiz zur Reduktion des CO_2-Ausstoßes darstellt, wird diese Technik in der Nordsee bereits angewendet. Ölfirmen pumpen das als Nebenprodukt freiwerdende CO_2 bereits seit Jahren wieder unter den Meeresgrund zurück.

Will man CO_2 im ganz großen Stil „endlagern", steht man allerdings vor drei Problemen: Erstens entstehen Emissionen durch den Transport von den Sammel- und Komprimationsanlagen zu den Lagerstätten. Zweitens sind geeignete Lagerflächen begrenzt und die Menschheit setzt jedes Jahr 35 Mrd. Tonnen CO_2 in die Luft. Drittens ist die Lagerung von Kohlenstoffdioxid sehr gefährlich, denn das Gas ist tödlich für Tier und Mensch.[38] Letzteres zeigte sich 1986 auf dramatische Weise in Kamerun. Damals entwich eine große Menge des Gases aus einem Vulkankratersee, legte sich wie eine Decke auf die Gegend und erstickte 1800 Menschen und eine noch deutlich größere Anzahl an Tieren.[39]

---

[33] Vgl. [7] Flannery, S. 279 - 294
[34] Vgl. [21] Prof. Dr. Schellnhuber, S. 25
[35] Vgl. [12] KM, S. 58
[36] Vgl. [2] Barry, S. 53 - 69
[37] Vgl. [12] KM, S. 87
[38] Vgl. [7] Flannery, S. 283
[39] Vgl. [9] Gödecke

2.1.3 Carbon Capture [40]

Die Gesetze der Thermodynamik besagen, dass je kleiner der Anteil eines Gases an einem Gemisch ist, desto schwieriger ist es, dieses herauszufiltern.[41]Stellt man sich die Luftmoleküle nun als Murmeln vor, so wären vier von fünf blaue Stickstoffmurmeln und eine von fünf ein rotes Sauerstoffmolekül. Lediglich eine von 2500 Kugeln wäre eine weiße CO_2-Murmel.[42] Um also eine gewisse Anzahl an Kohlenstoffdioxidmolekülen zu „finden", muss man viel Energie aufwenden und eine große Menge an Luftteilchen „durchsehen". Deshalb stecken die meisten Technologien zur CO_2-Bindung durch z.B. „künstliche Bäume" (vgl. Abb. 5) noch in den Kinderschuhen. [43]

Abb. 5: „Künstliche Bäume"

Die älteste Technik CO_2 aus der Luft zu filtern, gibt es bereits seit ca. 2,7 Mrd. Jahren.[44] Bei der Photosynthese werden Kohlenstoffdioxid und Wasser mittels Sonnenenergie in Glukose und Sauerstoff umgewandelt und dabei jährlich bis zu 450 Mrd. Tonnen CO_2 gebunden.[45]

---

[40] Vgl. [14] Morton, S. 232 - 267
[41] Vgl. [1] Baehr, S. 213ff
[42] Vgl. [14] Morton, S. 245
[43] Vgl. [6] Dambeck
[44] Vgl. [17] Paeger
[45] Vgl. [17] Paeger

Um die restlichen 250 Mrd. Tonnen, welche die Menschheit in den letzten hundert Jahren durch fossile Brennstoffe freigesetzt hat, innerhalb von 50 Jahren aus der Luft zu filtern, benötigt man geschätzt mindestens 700.000 km² mehr Wald.[46] Das entspricht einer Fläche von Texas. Allerdings muss man beachten, dass sich dunkle Wälder leichter erhitzen als Wiesen oder Felder und damit die Erde erwärmen.[47] Aufforstung in hohen Lagen kann also sogar kontraproduktiv sein.[48]

Des Weiteren sind alte Wälder CO_2 - technisch ein „Nullsummenspiel". Fast alles gebundene CO_2 wird nach dem Absterben der Pflanzen von Kleinstlebewesen und Pilzen wieder freigesetzt. Aufforstung allein kann folglich kaum den Klimawandel stoppen, Pflanzen können aber sehr wohl als eine Art „Staubsauger" für CO_2 benutzt werden.

Um sich diesen Filtereffekt von Pflanzen zunutze zu machen, benötigt man Biomasse-Kraftwerke, welche mit CCS ausgestattet sind. In diesen soll Biomasse verbrannt und das wieder freigesetzte CO_2 aufgefangen und verflüssigt werden.[49]

Ein großer Vorteil von *Biomass Energy with Carbon Capture and Storage*, kurz: BECCS, ist, dass neben „negativen Emissionen" auch noch Energie produziert wird, die sonst unter Umständen in klimaschädlichen Kraftwerken erzeugt werden müsste.

Allerdings ist diese Technologie aufgrund mitunter langer Transportwege der Pflanzen nicht sonderlich effizient. Da sie zudem sehr flächenintensiv ist, steht BECCS in Konkurrenz mit der Landwirtschaft und bedroht dadurch die Artenvielfalt.[50]

Nutzt man das aufgefangene CO_2 kann man durch BECCS klimaneutrale Treibstoffe herstellen. Für negative Emissionen ist allerdings eine geeignete Speichermethode nötig, die im Moment noch nicht existiert (vgl. 2.1.2), weshalb es wohl noch lange dauern wird, bis der CO_2 – Gehalt der Athmosphäre wieder sinkt.

Dank folgendem Ansatz muss das jedoch nicht bedeuten, dass man nichts gegen die Folgen der Klimaerwärmung unternehmen kann:

---

[46] Vgl. [14] Morton, S. 260
[47] Vgl. [16] Osterhage, S.14
[48] Vgl. [15] Nestler
[49] Vgl. [14] Morton, S. 263
[50] Vgl. [11] Klein, S. 349

2.2 Solar Radiation Management (SRM)[51]

Die Energiebilanz unserer Erde hängt von folgenden Größen ab:

➢ der Solarkonstante S, welche die Energie des einfallenden Lichts pro Quadratmeter beschreibt (ca. 1370 W/m^2) ,

➢ der Albedo A, dem Prozentsatz der von der Gesamteinstrahlung reflektierten Sonnenstrahlen (ca. 30%) und

➢ dem abgestrahlten langwelligen (thermischen) Strahlungsfluss F pro Quadratmeter

Wenn $S \cdot (1 - A) - F = 0$ gilt, wird die gesamte einfallende Strahlung wieder abgestrahlt bzw. reflektiert, so dass die Energiebilanz konstant bleibt, sich die Erde also nicht erwärmt.[52]

Da derzeit jedoch $S \cdot (1 - A) - F > 0$ gilt, spricht man von einer Klimaerwärmung.

Um wieder eine konstante Energiebilanz zu erhalten, müssen folglich die variablen Größen A und F erhöht werden.

 Da die Ansätze zur Erhöhung der abgestrahlten Wärme (auch Thermal Radiation Management) noch nicht sehr ausgereift sind, sollen im Folgenden v.a. Technologien zur Steigerung der Albedo und damit zur Reduzierung der Sonnenstrahlung (auch SRM) genauer beleuchtet werden(vgl. Abb. 6).

Hierzu gibt es verschiedenste Ansätze: Von Ping-Pong-Bällen, die auf dem Ozean schwimmen[53], über Spiegel oder Schirme im Weltall bis zu besonders reflektierenden Pflanzenarten.[54] Als am einfachsten zu realisieren gelten jedoch Aerosole (vgl. 2.2.1) und Wolkenmodifikationen (vgl. 2.2.2).

---

[51] Vgl. [16] Osterhage, S. 10f; [11] Klein, S. 312 . 326; [14] Morton, S. 101 - 123
[52] Vgl. [16] Osterhage, S. 11
[53] Vgl. [14] Morton, S. 187
[54] Vgl. [14] Morton, S. 289

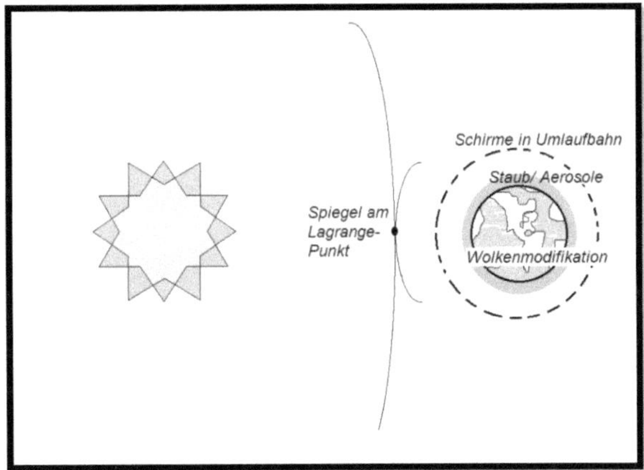

Abb. 6: Bekannteste Ansätze (SRM)

2.2.1 Aerosole in der Stratosphäre [55]

Als 1815 der Vulkan Tambora in Indonesien ausbrach, resultierte dies in einer globalen Kälteperiode, die unter anderem dafür verantwortlich war, dass dieses Jahr den Titel „eighteen-hundred-and-frozen-to-death"[56] bekam. Damals hatte die Wissenschaft noch nicht die Mittel, diese Wetterphänomene mit dem Vulkanausbruch in Südostasien in Verbindung zu bringen. Bei der Eruption wurden unter anderem Asche und Schwefeldioxid in die Atmosphäre befördert und breiteten sich rund um den Globus aus. Dies führte zu einer Erhöhung der Albedo, da die Asche - und Schwefeldioxidpartikel einen Teil der Sonnenstrahlen reflektierten oder ablenkten bzw. brachen. Diese Ablenkung der Sonnenstrahlen äußerte sich mitunter in Form spektakulärer Sonnenuntergänge, welche u.a. Edward Munch in seinem Gemälde „Der Schrei" festhielt.[57]

Experten erwägen nun, durch einen künstlichen Vulkanausbruch eine kontrollierte Kälteperiode herbeizuführen und damit dem Klimawandel entgegenzuwirken. Dazu sollen leichte Partikel -auch Aerosole genannt- etwa mittels Spezial-Flugzeugen oder an Ballonen befestigten Schläuchen in der Stratosphäre verteilt werden.[58] Da sich die vergleichsweise großen und schweren Aschepartikel aus Vulkanen nur ein paar Monate in der Atmosphäre halten, Schwefeldioxid jedoch mehrere Jahre, gilt dieses Gas als vielversprechendstes Aerosol, wenngleich es auch folgenden Nachteil mit sich bringt:

---

[55] Vgl. [7] Flannery, S. 184ff; [11] Klein, S. 312 – 356; [14] Morton, S. 138 – 155;
[56] Vgl. [14] Morton, S. 86
[57] Vgl. [14] Morton, S. 87f
[58] Vgl. [11] Klein, S. 314f

Schwefeldioxid reagiert mit dem in kleinen Mengen in der Stratosphäre vorkommenden Wasser zu Schwefelsäure, welche eine vergleichsweise hohe Azidität aufweist und negative Auswirkungen auf unsere Gesundheit und die Umwelt haben könnte.[59] Zudem wirken Aerosole als Katalysator für die – trotz ihres Verbotes 1991 – immer noch in der Ozonschicht enthaltenen Fluorchlorkohlenwasserstoffe (FCKW) und beschleunigen somit die Zerstörung der Ozonschicht. [60]

Derzeit versuchen Wissenschaftler diese Probleme mittels verbesserter Aerosole zu lösen. Gegen die Risiken, die ein abrupter Abbruch der SRM – Maßnahmen mit sich bringt, können sie jedoch nichts unternehmen. Da Solar Radiation Management lediglich den Folgen des Treibhauseffekts entgegenwirkt, während weiterhin CO_2 freigesetzt und die Ozonschicht geschädigt wird, würde bei Einstellung des Projekts die Klimaerwärmung innerhalb eines Jahres aufgeholt werden, sodass die Umwelt keine Zeit hätte, sich an die erhöhte Temperatur anzupassen.[61]

Die Tatsache, dass der CO_2 – Gehalt in der Luft weiter ansteigt, hat jedoch auch einen Vorteil:

Pflanzen können mehr Kohlenstoff aus der Luft binden und wachsen daher stärker. Dieses Phänomen kennt man bereits aus dem *Karbon* vor 359 bis 299 Millionen Jahren, in welchem bis zu 40 Meter hohe Baumfarne wuchsen.[62]

Zudem ist das von den Aerosolen gestreute Licht ebenfalls besser für den Großteil aller Pflanzen, sodass die Produktivität deutlich gesteigert werden kann. [63]

Grundsätzlich erweist sich bei allen Climate Engineering – Maßnahmen die Abschätzung der Risiken als äußerst schwierig, da kein geeignetes „Testsystem" vorhanden ist.

Dies liegt vorwiegend daran, dass über ein so großes System wie unsere Erde mit herkömmlicher Statistik keine verlässlichen Aussagen bezüglich langfristiger Auswirkungen einzelner Maßnahmen gemacht werden können.[64]

---

[59] Vgl. [16] Osterhage, S. 14
[60] Vgl. [14] Morton, S. 110
[61] Vgl. [14] Morton, S. 118
[62] Vgl. [17] Paeger
[63] Vgl. [14] Morton, S. 229 - 242
[64] Vgl. [22] Taleb, S. 23f

Des Weiteren muss bei der Risikoanalyse der 2. Hauptsatz der Thermodynamik berücksichtigt werden, welcher besagt:

„Alle natürlichen Prozesse sind irreversibel". [65] Das bedeutet, dass ein System, welches einen natürlichen Prozess durchlaufen hat, (mit unseren Mitteln) nicht mehr in seinen Ursprungszustand zurückgeführt werden kann. Kurz: Climate Engineering kann nicht mehr vollständig rückgängig gemacht werden.

Insgesamt erscheint es aufgrund der enormen Komplexität aller Climate Engineering-Maßnahmen und der Vielzahl an Unwägbarkeiten fraglich, ob die möglichen negativen Folgen der Klimaerwärmung dieses Wagnis rechtfertigen.

Somit sollte man Solar Radiation Management – nicht zuletzt auch aufgrund zahlreicher moralischer Bedenken – wohl eher als „Stand-By-Lösung" betrachten. Dennoch gilt diese Möglichkeit derzeit als Vielversprechendste, da sie vergleichsweise leicht und günstig umzusetzen ist und anders als CO_2 - Einsparung „Soforthilfe" verspricht.

2.2.2 Modifikation von Wolken[66]

Wie bereits erwähnt, wirkt Wasserdampf als Verstärker des Klimawandels. Vor diesem Hintergrund erscheint es auf den ersten Blick nicht gerade klug, künstlich Wolken zu erzeugen. Aber hier muss unterschieden werden: Während Wasserdampf ausschließlich wie ein Treibhausgas wirkt und kaum Licht reflektiert, erhöhen Wassertröpfchen tatsächlich die Albedo maßgeblich, sodass der Kühleffekt überwiegt.

Demzufolge versuchen Wissenschaftler gezielt Wasserdampf in Wassertropfen umzuwandeln, um sich eben diesen Kühleffekt zunutze zu machen. Wie Sean Twomey 1970 herausfand, lassen sich Wolken mittels Kondensationskeimen, wie zum Beispiel Salzkristallen, „aufhellen"[67]. Das heißt, die Wasserdampfmoleküle schließen sich zu kleinen Kondensationströpfchen zusammen, welche aufgrund ihrer Größe nicht nur recht lange brauchen um zu Regentropfen anzuwachsen und herunterzufallen, sondern auch durch die Oberflächenvergrößerung kleiner Partikel eine besonders große Reflektionsfläche bieten.[68]

---

[65] Vgl. [1] Baehr, S. 29
[66] Vgl. [7] Flannery, S. 41 – 53; [14] Morton, S. 269 - 288
[67] Vgl. [16] Osterhage, S. 15
[68] Vgl. [14] Morton, S. 285f

Die Technik diese Kondensationskeime mit „Wolkenschiffen" (vgl. Abb. 7) zu erzeugen, wurde bereits vor einem Vierteljahrhundert von Armand Neukerman entwickelt[69], doch bis jetzt hat sich noch kein Investor gefunden, was vor allem an der umstrittenen Effizienz liegen dürfte.[70]

Abb. 7: mögl. „Wolkenschiff"

Dennoch verspricht diese Wolkenmodifikation einige Vorteile: Sie funktioniert mit nichts „Giftigerem" als Meerwasser, ein sofortiger Abbruch wäre jederzeit ohne Nachwirkungen möglich. Darüber hinaus besteht auch die Möglichkeit modifizierte Wolken gezielt zur Bekämpfung von Dürren einzusetzen. [71]

2.3 Politische und ethische Probleme

Bevor man sich mit der möglichen Umsetzung von Climate Engineering befassen kann, muss man sich zuerst mit der Frage auseinandersetzen, ob man das Klima überhaupt beeinflussen will und darf. Offiziell existiert noch kein Gesetz, das eine Antwort hierauf liefern würde. Es ist lediglich verboten, das Wetter zu kriegerischen Zwecken zu verändern, wie dies etwa die USA im Vietnamkrieg mittels Wolkenimpfungen unternahm[72].

---

[69] Vgl. [14] Morton, S. 287
[70] Vgl. [14] Morton, S. 287f
[71] Vgl. [14] Morton, S. 292
[72] Vgl. [5] Czycholl

Allerdings ist das „Klima (...) ein gemeinschaftliches Gut von allen und für alle"[73]. Folglich müssten gezielte Manipulationen dem „Willen der Weltbevölkerung" entsprechen. Nachdem bisher jedoch noch keine „Weltregierung" existiert, müssten Entscheidungen dieser Art beispielsweise auf Grundlage repräsentativer Umfragen getroffen werden – ein äußerst schwieriges Unterfangen.

Wer bei solchen Umfragen für Climate Engineering wäre, würde damit bewusst in Kauf nehmen, dass das Gemeinwohl zu Lasten von Minderheiten gesteigert würde – selbst bei Maßnahmen auf Länderebene. Da das Klima in den einzelnen Regionen stark miteinander verknüpft ist, hätten auch nationale Climate Engineering - Maßnahmen oft Auswirkungen auf andere Gebiete bzw. Länder. Nahezu jeder Eingriff wäre folglich ein globaler. Simulationen zeigen beispielsweise Dürre in Brasilien als Folge von Wolkenaufhellung in Namibia[74] – eine starke Konfliktgrundlage, da sich die Länder dann vermutlich häufig gegenseitig die Schuld an verheerenden Naturkatastrophen geben würden.[75]

Fundamental ist auch die Frage, wie stark man die Erde kühlen möchte: Während die Bewohner Sibiriens über ein paar Grad mehr vielleicht ganz glücklich wären, hoffen Länder wie Sudan oder Tansania auf Abkühlung um mehr als 5 Grad Celsius.

- Kurz: Climate Engineering ist ein bisschen „wie Fernsehen mit 7 Milliarden Menschen, aber nur einer Fernbedienung zur Wahl des Programms".[76]

Aus moralischer Sicht, insbesondere im Sinne von Nachhaltigkeitsüberlegungen, ist jeder Mensch dazu aufgefordert, den CO_2-Ausstoß so gering wie möglich zu halten.[77] Allein das Wissen um mögliche Alternativen zur CO_2-Reduzierung führt aber vermutlich sowohl bei Einzelpersonen als auch bei ganzen Staaten zu deutlich verringerten Bemühungen Kohlenstoffdioxid einzusparen.

So ist es nicht überraschend, dass Richard Branson, der Besitzer einer Billig-Fluglinie, demjenigen 25 Mill. US$ versprach, der zuerst entdeckt, „wie man eine Milliarde Tonnen Kohlendioxid pro Jahr"[78] aus der Atmosphäre binden kann. Gibt es eine Möglichkeit CO_2 einzusparen, muss man – seiner Überlegung zufolge – den Ausstoß nicht verringern und kann weiterhin Profit machen.

---

[73] Vgl. [18] Papst Franziskus, S. 36
[74] Vgl. [14] Morton, S. 294
[75] Vgl. [4] Bötttchner, S. 10
[76] [10] Prof. Janich, S. 2
[77] Vgl. [11] Klein, S. 553
[78] Vgl. [7] Flannery, S. 283

3 Umfrage[79]

Damit Climate Engineering in Zukunft von einer (Welt-) Regierung durchgeführt werden kann, sollte zumindest die Mehrheit der Menschen, die diese Regierung repräsentiert, damit einverstanden sein. Allerdings existieren bis heute noch keine internationalen Umfragen, welche die Meinung der Bevölkerung in Bezug auf dieses Thema analysiert haben. Um zumindest unter Jugendlichen in Deutschland ein gewisses Meinungsbild diesbezüglich einzuholen, verteilte ich mit Unterstützung von Herrn OStR im Oktober 2017 am XY-Gymnasium Fragebögen an 89 Schüler und Schülerinnen im Alter von 13 bis 18 Jahren.

Ein wichtiger Ansatz bei der Analyse war der Grundsatz, dass aktiv in das Klima unserer Erde einzugreifen ein sehr radikaler Schritt ist, der viele Risiken, aber auch moralische und ethische Probleme mit sich bringt (siehe 2.3). Deshalb erscheint eine Klimamodifikation nur für Menschen als notwendig, welche die folgenden Fragen beide mit „Ja" beantworten: „Glauben Sie, dass Maßnahmen gegen den Klimawandel ergriffen werden müssen?" (vgl. Abb. 8) und „Schätzen Sie eine Reduzierung des globalen CO_2-Ausstoßes auf nahezu Null als sehr schwer ein?" (vgl. Abb. 9) [80]

Meine Umfrage ergab, dass gut 78% der befragten Schüler/innen dieser „Ja/Ja"-Gruppe zugeordnet werden können.

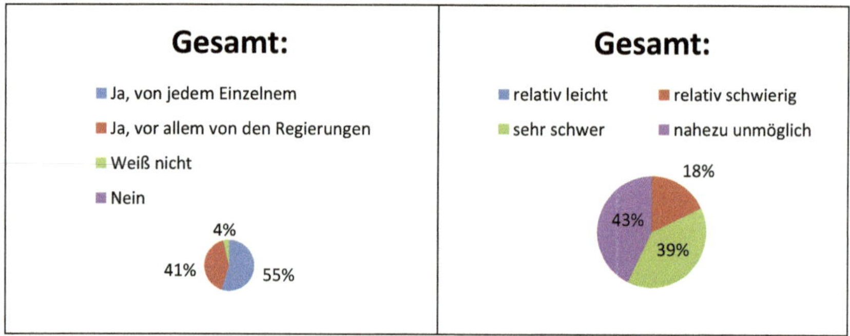

Abb. 8: Glauben Sie, dass Maßnahmen gegen den Klimawandel ergriffen werden müssen?

Abb. 9: Wie schwer schätzen Sie die Reduzierung des globalen CO_2-Ausstoßes auf nahezu Null ein?

---

[79] Vgl. [19] Petersen, S. 218 - 263
[80] Vgl. [14] Morton, S. 1

Allerdings sind 75% der Meinung, dass der Klimawandel durch eine Verringerung der Freisetzung an CO_2 gestoppt werden kann (vgl. Abb. 10). So „sollte man erst versuchen CO_2 zu reduzieren bevor man in die Umwelt eingreift".

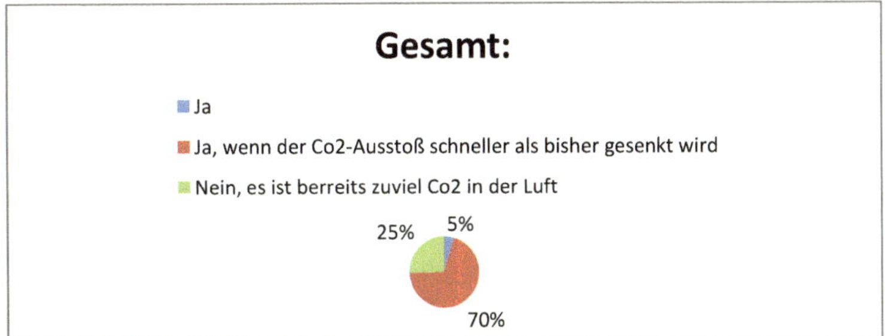

Abb. 10: Denken Sie, dass der Klimawandel durch die Verringerung der Freisetzung von CO_2 noch gestoppt werden kann?

Insgesamt halten also nur 25% radikalere Maßnahmen wie Klima-Kontrolle für nötig.

Aber man darf Notwendigkeit nicht mit Moral verwechseln:

Nur weil etwas nötig ist, kann es aufgrund von ethischen Betrachtungen immer noch abgelehnt werden. Die konkrete Frage nach der Verantwortbarkeit, also ob „der Mensch das Klima kontrollieren (darf)?, ergab folgende Stimmverteilung:

Abb.11: Darf der Mensch das Klima kontrollieren?

Die Meinungen der Schüler des MRGs gehen hier recht weit auseinander: Fast ein Viertel lehnt diese Maßnahmen aus ethischen Gründen komplett ab, während sich an die 60 Prozent der Befragten Climate Engineering vorstellen können, wenn sich dadurch die Situation für alle verbessert. Das ist jedoch nach dem heutigen Forschungsstand nicht möglich, da - neben den noch unverstandenen Auswirkungen lokaler Klimata aufeinander (siehe 2.3) - eine Temperatursenkung den Wasserkreislauf und damit den Monsun schwächen würde, welcher jedoch existentiell für die Landwirtschaft in vielen Ländern ist.[81]

Folglich halten zwar 25% der Teilnehmer CE für notwendig, lediglich 18% sind allerdings für eine Durchführung der Klima-Kontrolle.

Geht man davon aus, dass eine global durchgeführte Umfrage Ähnliches ergibt, ist klar, dass die Zeit für Climate Engineering noch nicht gekommen ist. Erst wenn das Vertrauen in eine baldige Reduktion des CO_2- Ausstoßes sinkt, die Zahl an Naturkatastrophen zunimmt und sich Ernteausfälle und Klimaflüchtlinge mehren, könnten mehr Leute der Meinung sein, dass Maßnahmen gegen den Klimawandel ergriffen werden müssen und ihre ethischen Grundsätze beiseitelegen. [82]

---

[81] Vgl. [14] Morton, S. 95f
[82] Vgl. [4] Böttchner, S. 11

4 Resümee

Sollte man Climate Engineering einsetzen?

Diese Frage müssen wir uns nur stellen, weil der Mensch in der Vergangenheit bereits unbewusst „Climate Engineering" betrieben hat:

Die Rodung von Wäldern führte zu Wüsten[83], Luftverschmutzung zur Erhöhung der Albedo[84] und die Emission von Treibhausgasen zum Klimawandel.[85]

Ist es also eine gute Idee Climate Engineering gegen die negativen Folgen des Climate Engineerings der Vergangenheit einzusetzen?

Kann etwas Gutes herauskommen, wenn der Mensch sich in die Umwelt einmischt und „Gott spielt"? Darf er das überhaupt?

Was aber, wenn die CO_2 – Reduktion nicht ausreicht?

Könnte Solar Radiation Management dann die letzte Rettung sein?

Sollte man also SRM als Stand-by – Option betrachten?

Vielleicht könnte Solar Radiation Management sogar noch mehr sein als das:

Könnte SRM das beste Klima aller Zeiten ermöglichen?

Immerhin könnte durch den erhöhten CO_2-Gehalt das Pflanzenwachstum gesteigert werden.

Oder sollte man durch eine Kombination von SRM und CCS oder CCS allein versuchen, wieder ein natürliches Klima zu erreichen?

Die Frage, mit der Climate Engineering jedoch steht und fällt, ist:

Ist ein modifiziertes Klima mit seinen möglichen Folgen besser als ein von Treibhausgasen aufgeheiztes?

Die Wissenschaft ist noch nicht in der Lage dazu, diese Frage zu beantworten. Deshalb sollte CE weiterhin intensiv erforscht werden.

Ich bin der Meinung, dass es sinnvoll ist Climate Engineering als Plan B bereit zu haben, bis die Risikoabschätzung zu einem Ergebnis gekommen ist. Ich hoffe jedoch, dass es nie nötig sein wird, noch stärker in das Klima unserer Erde einzugreifen, da ein natürliches Klima meiner Meinung nach zweifellos weniger Konfliktpotential mit sich bringt als ein modifiziertes.

---

[83] Vgl. [16] Osterhage, S. 26
[84] Vgl. [7] Flannery, S. 184ff
[85] Vgl. [11] Klein, S. 222

Literaturverzeichnis

[1] Baehr, Hans Dieter: *Thermodynamik.* 5. Auflage. Berlin/Heidelberg: Springer Verlag (1981)
–ISBN 978 3 540 10777 0

[2] Barry, James; Ace, Tracey: **An Updated Synthesis of the Impacts of Ocean Acidification on Marine Biodiversity.** (2014)
unter: https://www.cbd.int/doc/publications/cbd-ts-75-en.pdf *(Stand: 04.11.2017)*

[3] BMUB (Bundesministerium für Umwelt, Naturschutz, Bau und Reaktorsicherheit) (Hrsg.):
Klimaschutzplan 2050. (2016)
unter:https://www.bmub.bund.de/fileadmin/Daten_BMU/Download_PDF/Klimaschutz/klimaschutzplan_205
0_bf.pdf *(Stand: 04.11.2017)*

[4] Böttchner, Miranda; Gabriel, Johannes; Harnisch Sebastian: **Scenarios on stratospheric Albedo Modification Deployment in 2030. Workshop report.** (2015)
unter: http://www.youblisher.com/p/1222513-Scenarios-on-Stratospheric-Albedo-Modification-Deployment-in-2030/ *(Stand: 04.11.2017)*

[5] Czycholl, Harald: **Regen auf Knopfdruck.** (2016)
unter: https://www.welt.de/print/die_welt/wissen/article158040550/Regen-auf-Knopfdruck.html *(Stand: 04.11.2017)*

[6] Dambeck, Holger: **Klimaschutz-Konzept - Künstliche Bäume sollen CO2 aus der Luft filtern.**
(2009)unter: http://www.spiegel.de/wissenschaft/technik/klimaschutz-konzept-kuenstliche-baeume-sollen-co2-aus-der-luft-filtern-a-645968.html *(Stand: 04.11.2017)*

[7] Flannery, Tim: **Wir Wettermacher.** Frankfurt am Main: S. Fischer Verlag (2006)
-ISBN 978 3 10 021109 5

[8] Gaarder, Jostein: **2048. Noras Welt.** München: Carl Hanser Verlag (2013)
–ISBN 978 3 446 24312 5

[9] Gödecke, **Christian: Lake-Nyos-Katastrophe- Tödliche Wolke aus dem See.** (2011)
unter: http://www.spiegel.de/einestages/lake-nyos-katastrophe-a-947305.html *(Stand: 04.11.2017)*

[10] Prof. Dr. Janich, Nina; Stumpf, Christiane (Hrsg.): **Naturwissenschaftler antworten Journalisten.**
(2016)unter:http://www.youblisher.com/p/1565173-Naturwissenschaftler-antworten-Journalisten/ *(Stand: 04.11.2017)*

[11] Klein, Naomi: **Die Entscheidung. Kapitalismus vs. Klima.** (2.Auflage) Frankfurt: S. Fischer Verlage
(2015)–ISBN 978 3 000 2231 9

[12] KM (Bayrisches Staatsministerium für Unterricht und Kultus, Wissenschaft und Kunst) (Hrsg.):
Naturwissenschaftliche Formelsammlung für die bayrischen Gymnasien (zweite Fassung). 2. Auflage.
Bamberg, C.C. Buchner Verlag (2016): -ISBN 978 3 7661 6700 2

[13] Dipl.-Geogr. Martin, Christiane; Bischof, Nicole; Dipl.-Geol. Eiblmaier, Manfred: **Alkalinität**. (2000)
unter: http://www.spektrum.de/lexikon/geowissenschaften/alkalinitaet/490 *(Stand: 04.11.2017)*

[14] Morton, Oliver: **The planet remade. How geoengineering could change the world**. London, Great Britain: Granta Books (2016) –ISBN 978 1 78378 098 3

[15] Nestler, Ralf: **Neue Bäume bringen wenig fürs Klima.** (2011)
unter: http://www.zeit.de/wissen/umwelt/2011-06/aufforsten-klima *(Stand: 04.11.2017)*

[16] Osterhage, Wolfgang: **Climate Engineering. Möglichkeiten und Risiken.** Wiesbaden: Springer Spektrum (2016) –ISBN 978 3 658 10766 6

[17] Paeger, Jürgen: **Ökosystem Erde**. (ohne Jahr)
unter: http://www.oekosystem-erde.de/html/leben-05b.html *(Stand: 04.11.2017)*

[18] Papst Franziskus: *Die Enzyklika "Laudato Si"*. Freiburg im Breisgau, Verlag Herder GmbH (2015) –ISBN 978 3 451 35000 9

[19] Petersen, Thomas: **Der Fragebogen in der Sozialforschung.** Konstanz und München, UVK Verlagsgesellschaft mbH (2014) – ISBN 978 3 8252 4129 2

[20] Rother, Richard: **Kein Konsens mit den Stromkonzernen.** (2007)
unter: http://www.taz.de/!5198501/ *(Stand: 04.11.2017)*

[21] Prof. Dr. Schellnhuber, Hans Joachim (u.v.a): **Kassensturz für den Weltklimavertrag –Der Budgetansatz.** (2009)
unter: http://www.wbgu.de/fileadmin/user_upload/wbgu.de/templates/dateien/ veroeffentlichungen /sondergutachten/sn2009/wbgu_sn2009.pdf *(Stand: 04.11.2017)*

[22] Taleb, Nassim Nicholas: **The black swan. The Impact of the Highly Improbable.** London: Penguin Books LTD (2008) –ISBN 978 0 14 103459 1

[23] Tollefson, Jeff: **Geoengineering auf eigene Faust.** (2012)
unter: http://www.spektrum.de/news/geoengineering-auf-eigene-faust/1168722 *(Stand: 04.11.2017)*

[24] Trump, Donald: **Twitter.** (2012)
unter: https://twitter.com/realdonaldtrump/status/265895292191248385?lang=de *(Stand: 04.11.2017)*

[25] UNFCC (United Nations Framework Convention on Climate Change) (Hrsg.):
Rahmenübereinkommen der Vereinten Nationen über Klimaänderungen. (1997)
unter: http://unfccc.int/resource/docs/convkp/convger.pdf *(Stand: 04.11.2017)*

[26] Vahrenholt, Fritz; Lüning, Sebastian: **Die kalte Sonne. Warum die Klimakatastrophe nicht stattfindet**. Hamburg: Hoffmann und Campe Verlag (2012) –ISBN 978 3 455 50250 3

[27] Wayne, Graham: **Fakt ist: Zwar sind die menschengemachten CO_2-Emissionen relativ klein, aber sie bringen den natürlichen Kohlenstoffkreislauf durcheinander.** (2014)
unter: https://www.klimafakten.de/behauptungen/behauptung-die-co2-emissionen-des-menschen-sind-winzig *(Stand: 04.11.2017)*

Abbildungsverzeichnis

Abb. 1	Climate Engineering	S. 3	https://www.spp-climate-engineering.de/files/ce-projekt/media/download_PDFs/ce_ideen_d.jpg *(Stand: 4.11.2017)*
Abb. 2	CO_2-Emissionen -und Budgets	S. 5	http://www.wbgu.de/fileadmin/user_upload/wbgu.de/templates/dateien/veroeffentlichungen/sondergutachten/sn2009/wbgu_sn2009.pdf *(Stand: 4.11.2017)*
Abb. 3	Der Kohlenstoff - Kreislauf	S. 6	https://www.klimafakten.de/behauptungen/behauptung-die-co2-emissionen-des-menschen-sind-winzig *(Stand: 4.11.2017)*
Abb.4	Phytoplankton	S. 8	http://www.spektrum.de/news/geoengineering-auf-eigene-faust/1168722 *(Stand: 4.11.2017)*
Abb.5	„Künstliche Bäume"	S. 10	https://iq.intel.de/erderwarmung-riesige-co2-sauger-sollen-den-klimawandel-stoppen/ *(Stand: 4.11.2017)*
Abb. 6	Bekannteste Ansätze (SRM)	S. 13	selbst erstellt
Abb. 7	mögl. „Wolkenschiff"	S. 16	http://www.20min.ch/diashow/diashow.tmpl?showid=210091 *(Stand: 4.11.2017)*
Abb. 8	Glauben Sie, dass Maßnahmen gegen den Klimawandel ergriffen werden müssen?	S. 18	
Abb. 9	Wie schwer schätzen Sie die Reduzierung des globalen CO_2-Ausstoßes auf nahezu Null ein?	S. 18	
Abb. 10	Denken Sie, dass der Klimawandel durch die Verringerung der Freisetzung on CO_2 noch gestoppt werden kann?	S. 19	
Abb. 11	Darf der Mensch das Klima kontrollieren?	S. 19